U0108515

喵星人也愛
趣味科學知識

以茲·豪厄爾 著

新雅文化事業有限公司
www.sunya.com.hk

新雅・知識館

喵星人也愛趣味科學知識

作　　者：以茲・豪厄爾 (Izzi Howell)
翻　　譯：吳定禧
責任編輯：胡頌茵
美術設計：張思婷
出　　版：新雅文化事業有限公司
　　　　　香港英皇道499號北角工業大廈18樓
　　　　　電話：(852) 2138 7998
　　　　　傳真：(852) 2597 4003
　　　　　網址：http://www.sunya.com.hk
　　　　　電郵：marketing@sunya.com.hk
發　　行：香港聯合書刊物流有限公司
　　　　　香港荃灣德士古道220-248號荃灣工業中心16樓
　　　　　電話：(852) 2150 2100
　　　　　傳真：(852) 2407 3062
　　　　　電郵：info@suplogistics.com.hk
印　　刷：中華商務彩色印刷有限公司
　　　　　香港新界大埔汀麗路36號
版　　次：二〇二二年九月初版

ISBN: 978-962-08-8092-6
Original Title: *Cats React to Science Facts*
First published in Great Britain in 2019 by Wayland
An imprint of Hachette Children's Group
Copyright © Hodder and Stroughton Limited, 2019
All rights reserved.

Traditional Chinese Edition © 2022 Sun Ya Publications (HK) Ltd.
18/F, North Point Industrial Building, 499 King's Road, Hong Kong
Published in Hong Kong, China
Printed in China

The publisher would like to thank the following for permission to reproduce their pictures:

Getty: ZargonDesign 16t, adogslifephoto 18l, flibustier 21t, LUHUANFENG 22br, gsermek 25t, leonello 27t, bahadir-yeniceri 29, shayes17 31b, normaals 32r, eurobanks 39l and 59br, jarnogz 39r, JanPietruszka 40b and 2, iridi 42, deshy 44t, MirasWonderland 61b, Jawcam 62t, Buffy1982 66b, iridi 68, mikdam 73, Stephen Oliver 74t, anurakpong 74b, RG-vc 77c, spxChrome 77b, phant 79, Roger Ressmeyer/Corbis/VCG 81, GlobalP 84, Dmytro Lastovych 100, ilterriorm 105t. Shutterstock: Ambartsumian Valery cover, Seregraff, TungCheung, PHOTOCREO Michal Bednarek, CebotariN, Ekaterina Kolomeets back cover t–b, l–r, Clari Massimiliano 4t, Sonsedska Yuliia 4b, 8br, 38, 92 and 95t, DreamBig 5, Computer Earth 6–7, Iryna Kuznetsova 6b, 10b, 18r, 37, 47t, 55t, 59tl, 70l, 83b, 86 ,98, 103b and 107, Asichka 7b, Suzanne Tucker title page, 8t, 8c and 76b, turlakova 8bl, Ozerov Alexander 10t, Mopic 11t, Ermolaev Alexander 11b, 33b, 34b, 44b and 88b, 3D Vector 12l, Johan Swanepoel 12r, nevodka 13, LanKS 14tl, Baronb 14tr, Designua 14c, sdominick 14bl, Tony Campbell 14br, 17t, 21t, 27b, 59bl and 109b, Aphelleon 15, GrigoryL 15t, 15b and 109t, Sergey Moskvitin 16t, Castleski 16b, yevgeniy11 17b, Suzi44 19l, Rasulov 19r, Utekhina Anna 20l, Peter Hermes Furian 20r, Vilor 21t, Nailia Schwarz 22t, oksana2010 22bl, Dr Morley Read 23t, Sarah Fields Photography 23b, Tatjana Dimitrievska 24, Stav krikst 25b, Eric Isselee 26, 54t, 58l, 60, 68, 69 and 96, tobkatrina 28 and 76t, umnola 29, IMissisHope 30, Andrey_Kuzmin 31t, Okssi 32l, Martina Osmy 33t, Bilevich Olga 34t and 111t, Mr.Nakorn 35t, Lightspring 35b, Kirsanov Valeriy Vladimirovich 36t, WilleeCole Photography 36b, alekss-sp 37, Ewa Studio 40t, 5 second Studio 41t, Ian 2010 41b, Viorel Sima 43t, critterbiz 43b, kuban_girl 45, 48t, 63l and 102, Dixi_ 46t, iagodina 46b, Dora Zett 47bl, chrisbrignell 47br, Yellow Cat 48b, Smiler99 49t, Stefano Garau 49b, Oksana Kuzmina 50tl, Roland Ijdema 50tr, Fernand Leite 50bl, MirasWonderland 50br, Rasulov 51t, EEI_Tony 51bl, Ivonne Wierink 51br, revers 52t, Oksana Kuzmina 52b, ekkapon 53tl, MaraZe 53tr, Nynke van Holten 53bl, LightField Studios 53br, Craig Walton 54 and 54b, , Seregraff 54t and 64, Kirill Vorobyev, Chirtsova Natalia 54b, cyo bo 55b, canbedone 56t, Tercer Ojo Photography 56b, DK samco 57t, Jurik Peter 57b, MoreenBlackthorne and Vitaly Titov 58r, FotoYakov 59tr, Eivaisla 3 and 61t, Alex Coan 63b, Pixfiction 63r, Vitoriano Junior 65, Tom Wang 66t, apiguide 67t, Susan Schmitz 67b, Zhao jian kang, Gearstd, mstanley and Lightspring 68, JBArt 69, arrogant 70–71, Alexe Stiop and Natalia Tretiakova 72, Milarka 75t, haryigit 75b, Mark_KA 77t, Robynrg 78, hannadarzy 80t, bmf-foto.de 80b, Nadja Antonova 8 P.S_2 82b, R. Maximiliane 83t, ANURAK PONGPATIMET 85l, 123obje 85r, Le Do, kirillov Alexey, Krisana Antharith, Studio Smart, Cat'chy Images, Manu Padilla 86, showcake 88t, Hayati Kayhan, Andrey Solove HolyCrazyLazy 89, Filipe B. Varela 90, dugdax 91t, StudioLondon 91b, Angela Kotsell 93t, Alexander Mazurkevich 93b, atiger 94t, Sergey Katyshkin 94b, Bogdan Wankowicz 95b, Jagodka, Tony Campbell 96, stocknadia, Yuguesh Fagoonee, metha1819 97, Africa Studio 98 and 103t, Sheila Fitzgerald 99, Nerthuz 101t, Andrey_Kuzmin 101b, Ivano N 104t, PRO Stock Professional 104b, Damsea 105b, PRILL 106l, N-studio 106r, DenisNata 108, nevodka 110, Tuzemka 111b.

Cats React cats from Shutterstock: Lubava, Seregraff, Jagodka and Get GlobalP, Arseniy45.

All design elements from Shutterstock.

目 錄

科學真有趣！

你知道**熱水**比**冷水**更快**結冰**嗎？

你知道人類在外太空無法打嗝嗎？因為在**沒有重力**的太空中，胃裏的**氣體**無法從食物中分離，所以不能從嘴巴排出體外。

快來探索這些讓人眼界大開的科學知識，這些喵星人趣怪的表情定會讓你開懷大笑！

下方的情緒測量表中，哪一個反應更能表達你的情緒呢？

科學家已經找到改變貓咪基因的

方法，令貓咪可以在

黑暗中發光！

我的天！

不可能！

嗯心！

哇！

難以
置信！

太陽系

太陽系由**八大行星**以及**許多的小天體**組成。這些天體均**圍繞太陽運轉**。

太陽

水星

金星

地球

火星

星際
飛貓

太陽位於太陽系的中心。它有極大的引力，牽引所有行星進入軌道，圍繞它轉動。

海王星

天王星

土星

木星

太陽系存在着數百顆衞星，它們圍繞着行星和小行星轉動。我們身處的地球就是一顆行星，而月球就是它的衞星。

7

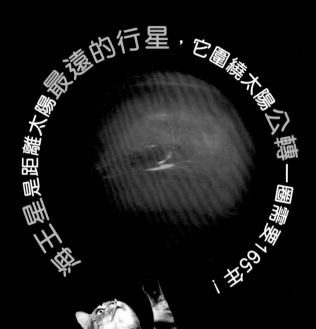

每顆行星各不相同。

海王星是距離太陽最遠的行星，它圍繞太陽公轉一圈需要 165 年！

木星是太陽系中體積最大的行星，它比太陽系其他行星的體積總和還要大兩倍！

天王星的雲層聞起來就像臭雞蛋！

金星是太陽系中最熱的行星，它的表面溫度高達攝氏465度，足以讓金屬鉛熔化！

假如地球是一顆葡萄的大小，那麼按照這個比例，木星就和籃球一樣大！

大吃一驚！

我的天！

不可能！

嘔心！

哇！

難以置信！

太陽

太陽是一顆**恆星**，充斥着**極高温的氣體**。

太陽為**地球**和太陽系的其他行星提供**光**和**熱**。

如果沒有太陽，地球上便會非常黑暗和寒冷，沒有生命能夠存活。

太陽是太陽系最大的天體，它的體積大到足以容納100萬個地球。

地球

地球是目前已知唯一有生命的行星。

地球具備孕育生命的兩個必要條件：
水和含有氧氣的大氣層。
因為地球和太陽保持着適當的距離，
使得地球表面不會過熱或過冷。

地球內部有一層炙熱的岩漿。

地球的表面由水和陸地覆蓋着。

地球內部的地核的溫度最高。

嗚~我感到有點頭暈！

地球一直在移動，但我們完全感覺不到啊！

地球繞着自己的軸心自轉（一條人們假想的轉軸貫穿南極和北極），此外還會環繞太陽運行，這就是公轉。

我的天！

不可能！

噁心！

哇！

難以置信！

地球需要365又4分之1來環繞太陽一圈。

由於地球是稍為 傾斜 的，因此一年之間某些區域較靠近太陽，

某些區域則較遠離太陽，造成了 季節 的變化。

這個示意圖展示了北半球的四季變化。北半球就是地球的上半部分。

春天

冬天

當北半球朝太陽傾斜的時候，由於受到太陽光直射，因此北半球處於夏天。

當北半球朝太空傾斜的時候，由於受到太陽光斜射，因此北半球處於冬天。

夏天

秋天

地球按軸心自轉，形成不同地區出現晝夜變化。
地球朝向太陽的一面就是白天；
背向太陽的一面就是夜晚。

遊戲時間！

白天

是時間眠
一眠了！

夜晚

月球

月球是唯一一個**圍繞地球旋轉**的**天然衛星**。

月球看起來在夜空中發亮，其實月亮是不會發光的，是因為它反射了太陽光才被我們看見。

月球是迄今人類唯一踏足過地球以外的天體，人類在1969年第一次成功登陸月球。

你在月球上跳起的高度是在地球上的六倍。這是因為月球的重力較小。

我也可以飛起來！

不可能！

我的天！

噁心！

哇！

難以置信！

光線的來源

許多人造光源是由**電力**驅動的，例如電燈。

光源指能夠發出**光的物體**。

太陽在日間為地球提供了大部分的**自然光**，但到了夜晚或室內，我們會使用人造光源。

我喜歡毛茸茸的尾巴！

穿靴子的貓

火也是我們的光源，燃點着的蠟燭會發光。

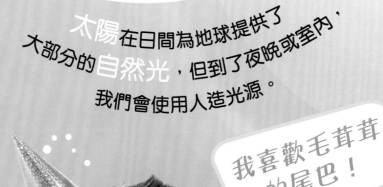

18

鮟鱇魚生活在深海，牠們能夠自行發光，吸引其他海洋生物靠近，藉此突襲和捕食獵物。

我的天！

不可能！

噁心！

哇！

難以置信！

眼　睛

我們的眼睛能夠**看見物體**，是因為物體的表面**反射光線**，進入眼球形成影像。

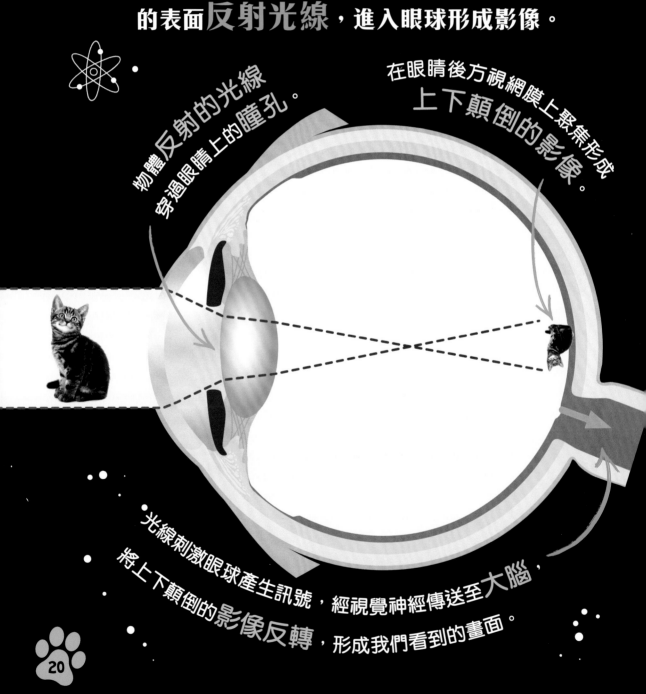

物體反射的光線，穿過眼睛上的瞳孔。

在眼睛後方視網膜上聚焦形成上下顛倒的影像。

光線刺激眼球產生訊號，經視覺神經傳送至大腦，將上下顛倒的影像反轉，形成我們看到的畫面。

一些動物能夠看到
人類看不見的光線。
例如蜜蜂會被花朵上的
不可見光吸引，
從而找到花蜜的
準確位置。

我的天！

不可能！

噁心！

哇！

難以
置信！

穿透物質

光線能夠穿透某些**物質**。

透明物體能夠讓光線穿過，例如玻璃。你可以透過它清楚地看見裏面的物體。

不透明物體阻擋任何光線穿過，你無法看透它。

半透明物體讓部分光線穿過，你可以透過它看見裏面物體的些許細節。

你給本喵買魚魚了嗎？

棲息於中南美洲的玻璃蛙擁有透明的身體。你可以從下方看見牠的內臟！

不可能！

我的天！

噁心！

哇！

難以置信！

影子

影子的出現是由於
物體阻擋了光線。

當光線被半透明或不透明物體阻擋，
物體背後就會產生一片黑暗的範圍，
我們稱之為影子。影子的尺寸和形狀
取決於光源的位置和大小。

幾千年前的人類已懂得利用影子指示時間。當陽光照射到日晷的針上便會形成影子，指示對應的時刻。太陽不斷改變位置，我們可以透過影子的位置而知道時間。

本喵可不需要鬧鐘呢！

不可能！

我的天！

噁心！

哇！

難以置信！

反射

當光線照射到物體時，會被物體的

表面**反射**或**吸收**。

黑色的物體幾乎將光線全部**吸收**。
沒有光線反射，所以呈現黑色。

平滑、光亮的鏡面幾乎可以
反射所有光線，所以
反射的影像非常清晰。

魔鏡啊魔鏡，告訴我誰是最毛茸茸的生物？

光線從一種介質進入另一種介質（例如從空氣到水）的時候，會出現折射現象。這就是為什麼把鉛筆放入水杯中，會產生看起來被折斷的錯覺。

我的天！

不可能！　噁心！

哇！　難以置信！

聲波

聲音由物體的振動而產生。

當**物體振動**，會產生**聲波**。

人類無法用肉眼看見聲波。

它可以在氣體、液體、

固體物件之間進行傳遞。

我知道你
能聽得到
我的！

外太空是沒有聲音的，因為真空中缺乏傳遞聲波所需要的介質，沒有物體可以振動！

終於可以靜一靜了！

我的天！

不可能！

噁心！

哇！

難以置信！

振動的**頻率越低**，聲音的**音調也越低**。

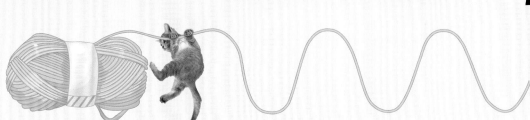

振動的**頻率越高**，聲音的**音調也越高**。

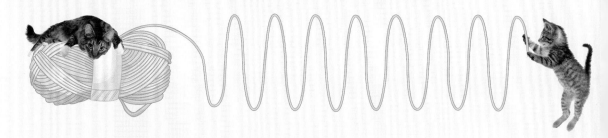

振動的**幅度越大**，聲量就**越大**。

振動的**幅度越小**，聲量便**越小**。

1883年，印尼喀拉喀托火山爆發

發出了公認

有史以來最響的聲音，

在遠至3,500公里外的

澳洲也能聽到

火山噴發的聲音！

我的天！

不可能！　　　噁心！

哇！

難以
置信！

耳朵

我們的**耳朵**能收集
空氣中的**聲波**。

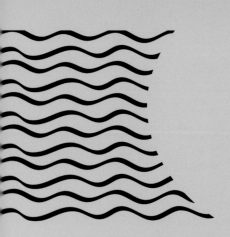

1 外耳的耳廓呈**螺旋**
形狀，有助收集空
氣中振動的聲波，引
導聲波傳入耳內。

2 聲波沿着外耳道抵
達**鼓膜**，然後引
起鼓膜**振動**。

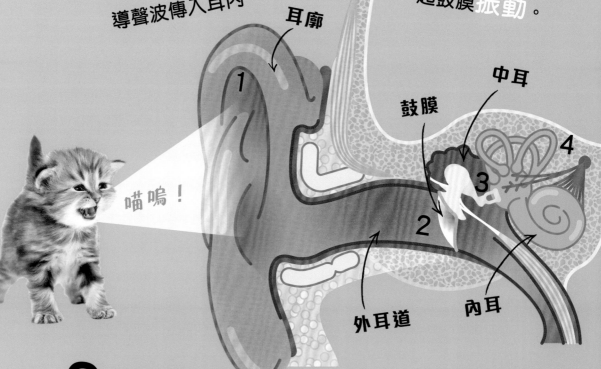

耳廓

喵嗚！

鼓膜

中耳

4

1

3

2

外耳道

內耳

3 振動傳遞進入
中耳和**內耳**。

4 內耳的聽神經受到振動刺激
後，向**大腦**發送訊號，從
而產生聽覺。

沒錯，這肯定是跳蚤或者骨頭！

人類身上最小的三根骨頭位於中耳。

其中體積最小的鐙骨只有2.5毫米長！相當於一隻跳蚤的長度！

不可能！

我的天！

噁心！

哇！

難以置信！

動物的聽覺

有些**動物的聽覺**比人類**更靈敏**！

貓狗等動物能夠比人類聽到**更高頻的聲音**。

牠們**又大又彎曲的耳朵**有利於捕捉細微的聲音。

你太近了！

動物會把耳朵轉向聲源，從而判別聲音的位置。

34

蟋蟀的耳朵並不是長在頭部，而是長在前腳上！

耳朵在這裏！

不可能！

我的天！

噁心！

哇！

難以置信！

35

某些**視力較弱**的動物可以**利用聲波辨識方向**，然後**進行獵食**。牠們發射出高頻聲波，碰觸到障礙物後**反射**回耳朵。根據聲波反射回來所需的時間，動物可以判斷物體的遠近。這個過程被稱為**回聲定位**。

蝙蝠利用回聲定位在黑夜裏飛行和獵食。

救命！本喵是你的朋友，不是你的食物！

海豚利用回聲定位
在混濁的海水裏潛行
和尋找食物。

快幫我找
出鮮魚！

海豚會發出高頻的哨叫聲和
「喀答」聲來與同伴溝通。
牠們甚至還有獨特的哨叫聲來
辨識身分，就像名字一樣。

37

玩音樂

每當我們演奏樂器，樂器會產生振動，形成我們聽到的音樂聲。

敲擊樂器是以敲打方式發聲的樂器（例如鋼琴、鼓）。它被敲打時會產生振動，形成聲音。

弦樂器是以弦線的振動產生聲音的樂器。我們可以撥弦（例如結他），或用弓摩擦弦（例如小提琴）而發聲。

當音樂家吹奏管樂器，管腔內的空氣開始振動，就發出聲音。

毛毛
樂隊

有些管風琴能夠

彈奏出人類聽不到

的低音頻！

我的天！

不可能！

噁心！

哇！

難以置信！

力學

當我們推、拉或者轉動物件時，會產生不同的力。

我們施力可以讓物件以不同的方式改變狀態，例如……

移動物件

作用力 →

別忘了買牛奶，喵！

……改變速度

作用力 →

……改變形狀

壓扁！

作用力

……改變方向

作用力

作用力越大，對物件產生的效果越大。

越用力推動物件就可推得更遠。

在一般的情況下，我們需要觸碰物件才能施力，但如果是**重力**和**磁力**，就可以**隔空**向物體施力。

這個足球並不會自行移動，當我們用腳踢它才會。

我們的身體能夠透過活動關節和肌肉來做出不同的動作，產生強大的力。每當你推、打或者扔東西的時候，你都在物件身上施加作用力。

啊啊！

灰熊的咬合力
非常強大，
牠單憑嘴巴
便足以把一個
保齡球咬碎！

引力

引力是兩個物體之間**互相吸引**的作用力。

地球上的物體受引力的吸引朝地心移動，我們也稱之為**地心吸力**。

可惡的引力！

這代表物體會掉落到地面。

引力也讓地球和其他**行星**維持在自己的軌道上，圍繞**太陽**運行。

摩擦力

摩擦力存在於移動的物體與另一個物體之間的**接觸面**。

摩擦力的**方向相反**，
會**減緩**物體的移動速度。
物體的**表面越粗糙**，
摩擦力就越大，移動的速度就**越慢**。

光滑的**冰面**只能產生
較小的摩擦力，因此
人們容易在冰面上**滑倒**。
你可以穿上鞋底**粗糙**的
防滑靴，這能夠**增加**
摩擦力，避免滑倒。

穿靴子的貓不僅
是為了時尚！

地球表面的土壤不斷受到水、風和石頭摩擦等外力的侵蝕，這個過程被稱為土壤侵蝕。在摩擦力的作用下，土壤不斷地受到侵蝕分解，導致表層土壤嚴重流失。

大量的摩擦力會產生

熱能。當植物或岩石

互相摩擦的時候，

摩擦力有可能產生熱能，

繼而引發山火！

阻力

阻力是物體移動時，
在空氣或水中遇到的一種摩擦力。

當物體在水或空氣中移動，摩擦力會減緩它的移動速度。

阻力

阻力

許多在空中或水中前行的交通工具
均有流線型的設計（表面平滑、線條流暢）。

這有助減少阻力，加快移動速度。

當游隼需要急速下降捕捉獵物時，牠會收攏雙翼，將身體形成流線型的形狀。這有助牠快速降落，速度可達每小時300公里，堪比一級方程式賽車的行駛速度。

不可能！

我的天！

噁心！

哇！

難以置信！

力量與物件的運動

我們施加在物件上的力可分為

平衡力與不平衡力。

平衡力指兩道**大小相等**的力，從相反的方向，
施加在同一物體上。

平衡力

平衡力的效果**相互抵銷**。靜止的物體會
維持**靜止**；移動的物體維持**速度不變**。

當兩道力的大小不相等，
我們便稱之為不平衡力。
這個時候較大力的一方會
推動或拉動物體。

在2007年，一名男子僅用牙齒
便拉動了一輛長達2.8米的火車。
這個男人的力量超越了
火車的重量！
看我努力練習的成果！
快到了！
我的天！
不可能！
噁心！
哇！
難以置信！

磁鐵的力量

我們可以利用**磁鐵來吸引磁性物質**。

磁鐵的**磁力**可以吸引。
鐵、鎳等金屬，
這些物質都是具有磁性的。

萬字夾由鋼絲製成的，
它也屬於磁性物質。

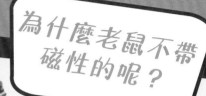
為什麼老鼠不帶
磁性的呢？

塑膠

塑膠、玻璃、
木頭和黃金都是
不帶磁性的物質。

玻璃

木頭

黃金

磁鐵的兩端分別稱為北極（N）和南極（S），
南極吸引另一個磁鐵的北極，
而同極會互相排斥。

磁浮列車利用軌道的磁力懸浮在空中，然後靠磁力推動來高速前進，最高車速可達每小時600公里。

一起來感受風的吹拂吧！

不可能！　我的天！　噁心！

哇！　難以置信！

地球的磁場

地球是一塊巨大的磁鐵。

地球的磁場源於它的核心，該核心主要由

鐵和鎳構成。地球還擁有地磁北極和地磁南極。

指南針就是利用地球磁場

為人類導航。紅色指針

指向地磁北極。

指南針，請問貓之國在哪裏？

在宇宙裏，地球並不是唯一一個磁體。

磁星是指擁有極強磁場的星體。

一個磁星的磁力

等於十萬兆個

你貼在冰箱上的小磁鐵！

我的天！

不可能！

噁心！

哇！

難以
置信！

什麼是能量？

能量可以讓物件運作。

無論是生物、機器還是汽車，世上所有物體的運作都需要能量。

例如人類需要能量進行運動，而機器也需要能量來完成指令。

能量可分為許多種。

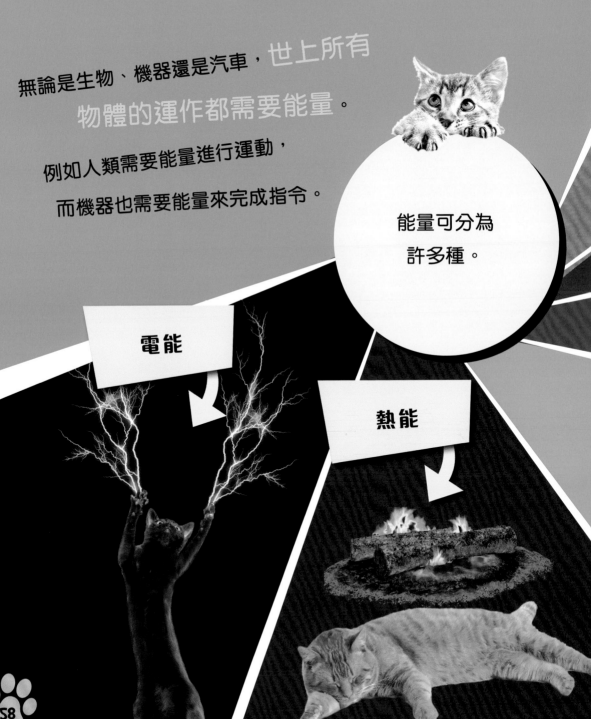

電能

熱能

能量永遠**不會消失**，它只會從
一種形式**轉換**為另一種形式。

聲能

動能

喵！

食物提供
的化學能

動物需要透過食物來攝取能量，

食物中的化學能會轉換為聲能和動能。

假如我們持續大叫

八年七個月又六天，

所產生的聲能

足以加熱一杯咖啡！

請給我來一杯
貓布奇諾！

我的天！

不可能！

噁心！

哇！

難以
置信！

化石燃料

煤炭、石油和天然氣
均是化石燃料。

這些化石燃料是由古代的動物和植物遺骸在地底經過數百萬年的變化而形成的。

由於化石燃料的再生時間非常漫長，因此它屬於不可再生能源。化石燃料是有限的資源，一旦消耗殆盡，我們便永久失去這種能源。

通過燃燒化石燃料，人們可以獲得熱能和電能。

我喜歡温暖的地方！

牛屁可用於發電！

因為牛屁含有甲烷，這剛好是天然氣的主要成分！

噗噗！

不可能！

我的天！

噁心！

哇！

難以置信！

全球暖化

人們經常燃燒化石燃料引致全球暖化。

來自太陽的光能（熱能）

燃燒化石燃料會釋放溫室氣體，例如二氧化碳。

這些溫室氣體在大氣層中累積，吸收太陽發出的光能及熱能，從而將熱力困在地球表面。

這一現象我們稱為溫室效應，這些氣體使得
地球像溫室一樣保持溫暖。但過劇的溫室效應會導致
地球上的氣溫升高，加劇全球暖化。除此之外，
燃燒化石燃料還會導致空氣污染。

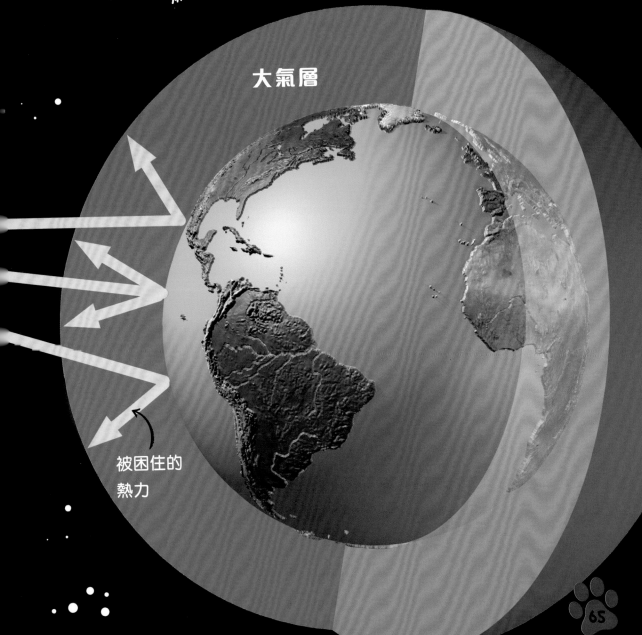

大氣層

被困住的
熱力

全球暖化也會影響動物的性別失衡，例如澳洲北部的年幼海龜有99%為雌性。這是因為海龜性別是取決於孵化前的環境溫度。溫暖的沙灘容易孵出雌性的海龜。

小海龜，生日快樂！

我的天！

不可能！

噁心！

哇！

難以置信！

綠色能源

太陽能、風力以及水力發電，
這些能源對環境的破壞較少。

人們採用太陽能板、渦輪機和壩式水電站進行發電，不會像化石燃料一樣釋放溫室氣體，也不會造成空氣污染。

太陽光、風和水均是可再生能源。
它們永遠不會被耗盡，
所以我們可以一直以這種方式發電。

停用化石燃料！

照射在地球一小時的太陽光足以支撐地球一整年的電力！

我的天！

不可能！

噁心！

哇！

難以置信！

發電

渦輪發電機可利用化石燃料、風能和水能進行發電。

在火力發電廠，
人們透過燃燒化石燃料，
在過程中會釋放大量熱能，
藉此讓水沸騰產生蒸汽。

風力發電機和壩式水電站也運用了相似的原理發電。**風和流動的水**可以令渦輪轉動，推動發電機運作。

這裏一望無際！

風力發電機只能在起風的日子運作。正因如此，許多依賴風力發電的地區會在大風的日子額外**儲存電力**，以備不時之需。

不要浪費你的九條命啊！

風力發電機的扇葉可長達80米！這相當於埃及胡夫金字塔一半的高度！

不可能！

我的天！

噁心！

哇！

難以置信！

電路

電力沿着**電路**流動。

電路由**導線**和**電源**組成。常見的電源是電池。

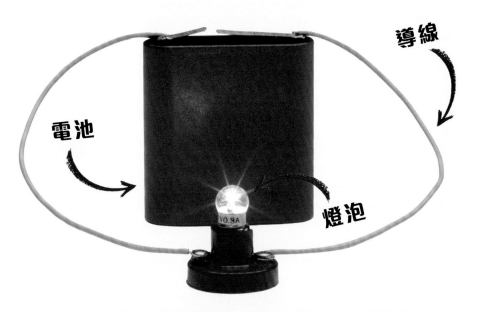

導線

電池

燈泡

除此之外，電路還可以連接電路元件，例如燈泡、電動機或蜂鳴器。電流只有在**電路完整**的時候才能通過，中間不能有空隙。在閉合電路中，電流經過電路元件，為它們提供**電能**。燈泡會**發亮**、電動機能**運轉**、蜂鳴器會**發聲**。

噢，不好意思，你要用這條電線嗎？

我們還可以利用來控制電路的閉合或中斷。

把開關撥向「開」，表示形成閉合電路，允許電流通過；撥向「關」，表示中斷電路使電流無法通過。

我要開燈！

在這一電路中，兩個燈泡共用一個電源。

不同的符號代表電路
不同的組成部分。

開關	⟶
燈泡	⟶
電池	⟶
蜂鳴器	⟶
電動機	⟶ Ⓜ
導線	⟶ ──

我們可以運用這些電路符號
畫出電路圖。

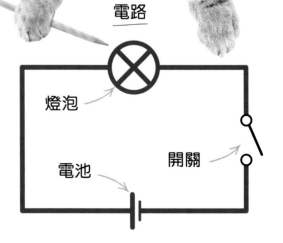

這個電路由電
池、開關和燈
泡組成。

電路

燈泡

電池　　　開關

你知道檸檬也能成為電池嗎？只要用導線分別連接金屬銅和鋅，然後插入檸檬之中，這就可以產生一系列的化學反應來發電。

我的天！

不可能！

噁心！

哇！

難以置信！

導電物料

電流只可以通過某些物料。

能夠讓電流通過的材料被稱為導電體。
許多金屬都是導電體，例如銅、鐵和鋼。

不能導電的物料被稱為絕緣體，
例如塑膠、木頭和玻璃。

電線的外層
不會傳電！

電線都有塑料外層
（絕緣體）包裹，
以防漏電。

純水屬於絕緣體，但一般的自來水屬於導電體，因為自來水中含有導電的雜質。

水是清涼的飲料和導電體！

哇！

不可能！

我的天！

噁心！

難以置信！

靜電

兩個絕緣體**互相摩擦**
可能產生**靜電**效應。

當兩個絕緣體互相摩擦，
其中一個物體的**電子**
（帶有負電荷的微小粒子）
就會**跑到**另一個物體身上。

得到電子的物體就會帶上
負電，失去電子的物體
就會帶上**正電**。我們稱
這種**電荷不平衡分布**的
現象為靜電效應。

當你用氣球在頭髮上摩擦，頭髮會獲取正電荷，而氣球會獲得負電荷。由於帶有相反電荷的物體會互相吸引，因此氣球和頭髮會黏在一起。

喵，這樣很好玩嗎？

打印機也是運用靜電的原理，把墨水印到白紙上。

喵，我真是上鏡呢！

我的天！

不可能！

噁心！

哇！

難以置信！

自然界中的電

電流在自然界中無處不在，無論是生物還是自然環境都存在着電流。

所有動物身上都存在微電流，人類當然也不例外！生物體內的電流沿着神經傳遞，幫助大腦接收或發送訊號。

有一些生物可以發出強大的電流。例如電鰻可以在水中釋放強烈的電流，把獵物電暈或擊殺。

快來幫我發電煎熟這條魚吧！

閃電也屬於其中一種自然界中的電。正負電荷會在雲層中累積，最後向下放電，形成我們所看到的閃電。

一道閃電蘊含的能量足以烘烤160,000片吐司。

這足夠我吃438年早餐了!

我的天!

不可能!

噁心!

哇!

難以置信!

植物

植物也是**生物**，正如人類和其他動物！

植物的**形狀豐富**、**大小各異**。無論是你常常看到的路邊小花，還是生活在森林的蒼天大樹，它們都屬於植物。

植物大致分為兩類：**有花植物**和**無花植物**。大部分的植物都會開花。

你能找出下圖中哪一個是假冒的植物嗎？

多數植物生長在陸地的**土壤**中，也有小部分植物生活在**水裏**，例如海藻。

植物一般由三個部分構成：
根、莖和葉。

葉子為植物
製造食物。

莖部幫助支撐
植物。

根部從土壤吸收水分
和養分。

肉食性植物會
透過捕食昆蟲
或細小的動物
來獲取營養！

它們一般生長在土壤貧瘠的地方，無法從土壤中吸取足夠的養分。

快逃命啊！

不可能！ 我的天！ 噁心！

哇！ 難以置信！

光合作用

植物通過光合作用獲取能量。

植物無法像其他
生物一樣透過進食
來獲得能量。

取而代之的是，它們懂得利用
陽光、水和二氧化碳來
自己製造所需的能量。

植物在光合作用的過程中
會產生氧氣。氧氣從葉子
釋放到大自然。

葉子吸收陽光以及空氣
中的二氧化碳。

根部從土壤
吸取水分。

花朵與種子

花朵和種子是植物生命周期的重要部分。

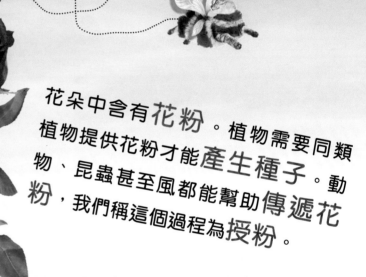

花朵中含有花粉。植物需要同類植物提供花粉才能產生種子。動物、昆蟲甚至風都能幫助傳遞花粉，我們稱這個過程為授粉。

花朵以鮮豔的顏色和獨特的香氣吸引昆蟲來傳遞花粉。

當昆蟲降落在花瓣上，牠們身上便會蘸上花粉，然後帶到其他花朵上。

這朵紅彤彤的大王花會散發出一種類似腐肉的味道，藉此吸引昆蟲授粉。

不可能！

我的天！

噁心！

哇！

難以置信！

93

花朵在授粉之後便會凋謝

繼而在原本開花的地方結出果實

果實裏藏有種子

這朵西瓜花成功授粉了，並在相同的地方結出了西瓜果實。

喵！真是清甜透心涼！

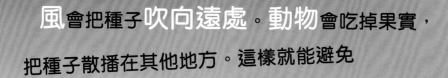

風會把種子吹向遠處。動物會吃掉果實，把種子散播在其他地方。這樣就能避免新生的植物與原植物在一個地方競爭有限的資源。

種子會在土壤裏發芽和生根，我們稱這個過程為萌芽。

固體

塑料、木頭和金屬都是固體。

固體物質擁有固定的形狀。它們的形狀不會改變，除非你對它們施加作用力，例如將它們弄彎、折疊或壓扁。

我們雖然是固體，但可以彎腰和伸展！

固體所佔用的空間永遠不變，不會隨意散開或縮小，除非你施加作用力。

鋨是地球上最重的物質。

1立方米的鋨金屬

重達22,590公斤，

相當於三隻半

暴龍的重量！

吼吼！

不可能！　我的天！　噁心！

哇！　難以置信！

液體

水、牛奶和油均是液體。

液體物質可以改變形狀，從而進入各種容器之中。液體可以流動，可以被倒出容器。

液體佔用的空間也是固定的。

瀝青是世界上

移動速度最慢的液體！

你需要等待七到十三年

才能等到一滴瀝青從

容器裏滴下來！

太慢了！

不可能！

我的天！

噁心！

哇！

難以
置信！

氣體

我們四周的空氣
包含了各種氣體。

氣體可以在空中自由地移動。
如果裝有氣體的容器被打開了，
氣體便會逸出。由於氣體可以隨意
擴散或壓縮，因此它所佔用的空間並不是
固定的，我們也可以用不同大小的容器盛載氣體。

在吹氣球的時候，我們
呼出的氣體填滿了氣球
的內部，使得氣球膨脹
起來。

木星看起來是固體，但其實它主要由氣體構成。木星在厚厚的大氣層和液體層之下，藏着一顆細小的固體核心。

本喵聞到它的氣味很奇怪！

我的天！

不可能！

噁心！

哇！

難以置信！

物態變化

我們可以透過**改變溫度**，讓固體、
液體和氣體這些物質的**狀態產生變化**。

當溫度下降到一定程度的時候，液體會**凝固**成為**固體**。
不同的物質會在**不同的溫度**下融化或者凝固。

當水的溫度下降到

攝氏0度以下時，便會

凝固成**雪**和**冰**；當溫度上升到

攝氏0度以上時，冰會融化成**水**。

固體遇到高溫時會轉變成液體。我們稱之為熔化。

牛油在加熱之後會熔化。

人類造成持續的全球暖化，令地球的氣溫變得越來越暖，引致南北極冰帽逐漸融化，導致海平面每年平均上升3.2毫米。

這真是一場災難！

當液體的溫度達至它的沸點，便會開始冒泡泡，然後轉變為氣體。液體在陽光充沛的地方或過熱時也會轉變成氣體，只是速度較慢。這個過程稱之為蒸發。

濕漉漉的衣物之所以會曬乾，是因為衣服裏的水分蒸發了。

當氣體的溫度下降到一定程度，它們便會轉變成液體。這個過程叫作凝結。

每逢天氣轉冷，你可以在窗上觀察到凝結的現象。當室內溫暖的空氣遇上冰冷的玻璃時，水蒸氣就會凝結成水。

水母被沖上岸時，
牠們會幾乎消失不見！
這是因為水佔牠們
身體的85％至98％。
當水母上岸之後，
大部分的身體都蒸發了！

我的天！

不可能！　　　噁心！

哇！　　　　　　難以
　　　　　　　　置信！

可逆變化

有些物態變化是可逆轉的，
而另一些則是不可逆轉的！

可逆變化雖然讓物質看起來或摸起來不一樣，

但這個過程並沒有產生新的物質。

熔化、凝固、蒸發和凝結都是可逆變化。

不可逆變化的過程會產生
新的物質，而這種新物質不
能變回原來的物質。

科學家們曾經嘗試「逆轉」煮熟的蛋白，讓蛋白從固體變回液體！

但由於這個過程**過於複雜**，因此我們仍然認為**煮熟雞蛋**是一個不可逆的變化。

大家學習完科學知識，不如吃個貓貓早餐吧！

木頭被燃燒後會轉化為灰塵和煙霧。這些物質都不可能變回原來的木頭。

詞彙表

二畫

二氧化碳 (carbon dioxide)：空氣中的一種無色氣體，由碳原子和氧原子組成。源於燃燒化石燃料或者人類的呼出的空氣。

三畫

大氣層 (atmosphere)：包圍着地球表面的一層混合氣體層，在宇宙中的其他行星也有大氣層。

小行星 (asteroid)：圍繞太陽轉動的細小星體，由岩石或金屬組成。

四畫

不可再生 (non-renewable)：用於形容會被耗盡的資源。

不可逆 (irreversible)：指改變之後的物體無法回到原本的狀態。

不透明 (opaque)：阻擋任何光線穿過的物體。你無法透過它看到任何事物。

分子 (molecule)：由兩個或以上的原子（細小的粒子）結合組成。

化石燃料 (fossil fuels)：由腐化的古老植物或動物遺骸經過數百萬年形成的天然資源，並可作燃料使用，例如煤炭、石油和天然氣。

五畫

半球 (hemisphere)：地球的一半，分南半球和北半球。

半透明 (translucent)：指能讓部分光線穿過的物質。你可以透過半透明的物件看見另一邊影像的些許細節，但無法看清楚它。

可再生 (renewable)：用於形容不會被耗盡的資源。

可逆的 (reversible)：指改變之後的物體可恢復到原本的狀態。

六畫

光合作用 (photosynthesis)：植物自行製造食物的過程。它們會利用陽光的能量，將水和二氧化碳轉化成糖（葡萄糖）和氧氣。

全球暖化 (global warming)：地球因為過度的溫室效應而造成氣溫上升的氣候變化。

回聲 (echo)：聲波在遇到障礙物時反射回來的聲音。

回聲定位 (echolocation)：一種利用回聲辨別位置的方法。

自轉軸 (axis)：一條假想出來的軸線，穿過地心，連結南北極。

阻力 (resistance)：移動的物體在空氣或水中遇到的一種摩擦力。

八畫

固體 (solid)：物質的形態之一。指一種擁有固定形狀的物質，裏面的原子或分子牢固地連結在一起，它所佔用的空間永遠不變。

定位 (navigate)：找到正確的方向前進。

九畫

侵蝕 (erosion)：指土壤或岩石等物質的表面被風、水或冰川的活動磨損並流失的過程。

流線型 (streamlined)：這種設計能讓物體在水和空氣中更快地前進。

軌道(orbit)：一個物體圍繞着另一個物體運行的路線，例如衛星圍繞行星的路徑。

引力 (gravity)：兩個物體之間互相吸引的作用力。在地球上，引力會把物體拉向地球的中心，即掉落地面。

音調 (pitch)：聲音的高低。

十畫

振動 (vibrate)：快速地抖動。

核心 (core)：物體的中心部分。

氣體 (gas)：一種形態如空氣的物質。它可以在空中自由移動。

氧氣 (oxygen)：人類需要這種氣體才能得以生存。

透明 (transparent)：指能讓光線完全穿過物體。你可以透過它清楚地看見事物。

十一畫

授粉 (pollination)：將花粉傳遞到同類植物的過程。植物在授粉後才能結成果實和種子。

排斥 (repel)：兩個物體傾向互相遠離，無法結合。

液體 (liquid)：一種可以流動且隨意改變形狀的物質。

十二畫

渦輪發電機 (turbine)：利用液體或氣體轉動輪子來發電的機器。

絕緣體 (insulator)：無法讓電流通過的物質。

温室效應 (greenhouse effect)：二氧化碳與其他温室氣體在大氣層中累積，吸收太陽發射的光能及熱能，從而將熱量保留在地球表面。

十三畫

電路 (circuit)：一個由導線、電池和其他電路元件組成的線路。

鼓膜 (ear durm)：耳朵內的一層薄膜。

十四畫

蒸發 (evaporation)：液體遇熱轉變為氣體的過程。

十五畫

養分 (nutrient)：一種動物和植物賴以生存的物質。

摩擦力 (friction)：這種作用力存在於移動的物體與另一個物體之間的接觸面。摩擦力會令物體移動的速度減慢。

十六畫

凝固 (freezing)：液體的溫度下降轉變為固體的過程。

凝結 (condensation)：氣體遇冷轉變為液體的過程。

熔化 (melting)：固體的溫度升高變成液體的過程。

導電體 (conductor)：一種能讓電流通過的物料。

靜電 (static electricity)：兩個絕緣體互相摩擦產生的電。

十七畫

瞳孔 (pupil)：是眼球中一個能讓光通過的圓孔，光線由此處進入眼球，讓我們能看見事物。

更多資訊

延伸閱讀

《幼兒365天奇趣知識小百科》（由新雅文化出版）

這本小百科適合 3-6 歲的好奇孩子。書中以簡潔的文字介紹各種有趣的世界知識，內容豐富，包括：動物、地理、歷史、偉人、世界大小事、環球趣聞等等，讓孩子每天長知識、開眼界！

《漫遊太空立體書》（由新雅文化出版）

這本立體書讓熱愛天文的孩子安在家中也可以探索太空。書中除了透過豐富的立體場景呈現各種太空天文知識，還附有翻翻、拉拉等互動設計，讓孩子動手探索。

參考網頁資源

你也可以瀏覽以下這些機構的網頁，發掘科學的奧秘！

香港科學館

https://hk.science.museum/zh_TW/web/scm/index.html
科學館舉辦不同類型的展覽與趣味科學節目，你可以到這個網站瀏覽展覽的資訊。

香港太空館

https://hk.space.museum/zh_TW/web/spm/home.html
這個網站提供內容豐富的基礎天文知識、觀星資料，以及最新天文資訊和相關教學資源。

嗇色園主辦 可觀自然教育中心暨天文館

http://www.hokoon.edu.hk/
這個網站提供香港野生植物及最新的天文資訊。

索引